ice
desserts

四季雪糕

（日）福田里香　著　　王宇佳　译

红星电子音像出版社

目录

第 2 章
四季乐享的思慕雪、法式冰霜、沙冰

第 3 章
全年都觉得很美味的刨冰

* 本书中使用的计量单位中，1 大匙 =15mL、1 小匙 =5mL。

* 提前准备好干净的瓶子、密闭容器和自封袋，按照制作方法中的指示，将制作好的果子露冷藏或冷冻保存。

* 本书中所说的保存时间，是指在保存妥当情况下的时间。

* 本书中使用的砂糖，如果没有特别说明，就是指白砂糖。

一整年都可以品尝的冰甜点

无论何时，都想品尝到冰凉可口的甜点。

春夏秋冬，每个季节都有相对应的冰甜点。

以冰为主材料的冰点，所含热量比冰激凌低很多。

本书共分为3章，将为大家全面介绍低糖健康且果味十足的冰甜点。

第1章　像水果沙拉般的应季冰棒

只需将食材冷冻即可做出

食物温度越低，甜味就越不明显，因此市面上贩卖的冰棒会放大量的糖。自己制作的冰棒不但美味，热量也会低不少。具体做法就像做水果沙拉一样，然后直接放入冰箱冷冻即可。如果能充分利用水果和蔬菜本身的味道，只需放少许糖也能做出美味的冰棒。

第2章　四季乐享的思慕雪、法式冰霜、沙冰

将冷冻过的食材弄碎后做成的冰甜点

思慕雪、沙冰和刨冰的特征是软硬介于饮料和冰激凌之间。它们的制作方法非常简单，思慕雪和沙冰是用搅拌机搅碎，法式冰霜用叉子捣碎即可。只要将食材冷冻起来，无论何时都能很快做好，这是这几种冰甜点人气很高的原因之一。

第3章　全年都觉得很美味的刨冰

在捣碎的冰上直接倒入果子露的冰甜点

做出美味刨冰的秘诀是用应季水果制作清爽的果子露。冰本身是没有味道的，所以添加不同的果子露，刨冰的味道也会千变万化。除此之外，后面还介绍了刨冰之友——红豆泥和糯米团的做法，请参考试试看哦。

福田里香

制作冰甜点的
材料和模具

香料

为了突出食材原有的味道，要极力控制砂糖的用量。在水果中加入一些香料之后，它的味道就会产生丰富的变化。只要把握好新鲜香草、香料和坚果的使用方法，就能做出更加诱人的美味冰甜点。

1. 香草豆
2. 椰蓉
3. 小豆蔻
4. 黑胡椒（粗粒）
5. 辣椒粉
6. 天然盐
7. 肉桂条
8. 百里香
9. 薄荷叶
10. 罗勒

液体

制作冰棒时，与水果混合的液体大致可以分为两种：第一种是乳制品。水果与酸奶、牛奶和鲜奶油等混合后，口感会变得更加醇厚且富有层次感；第二种是植物性饮料，还有水和酒。水果与果汁、豆乳、汽水、酒等混合之后，颜色会变得更加鲜艳，同时口感也会变得坚硬爽口。

1. 豆乳
2. 鲜奶油
3. 酸奶
4. 牛奶
5. 100% 白葡萄汁
6. 100% 柑橘汁
7. 汽水
8. 石榴汁

模具

使用制作冰甜点的专用模具，操作起来会方便很多。每种模具中的单个容量都为 50mL。即使没有模具，使用生活中常见的容器，也能制作出可爱的冰甜点。

1. 方形模具
2. 圆形模具
3. 迷你麦芬模具
4. 制冰盒
5. 果冻模具
6. 高玻璃杯
7. 布丁模具
8. 纸杯
9. 长条塑料袋
10. 200mL 纸杯
11. 150mL 塑料杯
12. 30mL 纸杯

制作冰棒的棍子

本书中采用了在烘焙材料店、食材批发街和网络商店中可以购买到的制作冰棒专用的木质小棍。没有时，可以用生活中常见的东西代替。如果购买了盖子跟棍子一体的模具，就能很方便地反复清洗使用。

1. 花形牙签
2. 木质冰激凌勺
3. 牙签
4. 塑料勺
5. 茶勺
6. 木棍
7. 木质叉子
8. 冰棒专用木棍
9. 木质搅拌棒
10. 美式木签
11. 一次性筷子
12. 吸管

第 1 章
像水果沙拉般的应季冰棒

草莓 × 树莓 × 蓝莓冰棒

将春季水果封入微甜的冰里，打造出像水果沙拉般的冰棒。为了突出新鲜水果的香味，冰的味道不能太甜。以春天的应季水果草莓为中心，加入蓝莓、树莓、奇异果、柠檬和薄荷。水果的种类可以按照喜好自由组合。

带着春天的清香，酸酸甜甜的水果冰棒！

树莓 & 蓝莓气泡冰棒

莓类独特的芳香和酸味被完全封入汽水中，为你带来绝妙的味觉享受。汽水是发泡型饮料，冻起来后会变成气泡状，看起来非常凉爽。为了弥补甜味的不足，可以加入柠檬提味。柠檬要在最后一步放入模具中，以防树莓和蓝莓浮起。

草莓牛奶冰棒

草莓配牛奶是经典的冰棒口味。制作时混入一些酸奶，这样就算加入大量草莓也不会分离。将草莓切成薄片，贴到模具侧面后进行冷冻。如此一来，做出的冰棒会显得更加诱人。

草莓酱冰棒

只需将草莓做成果酱，就能做出的简单冰棒。制成果酱的过程中草莓已经熟了，即使不加砂糖也一样美味。最后可以加入 3 大匙朗姆酒或伏特加，将其打造成适合成人食用的冰棒。

巧克力麦片草莓酱冰棒

用巧克力和即食燕麦当冰棒的配料。这两种食材跟草莓是绝配。倒上巧克力和燕麦后，冰棒的味道更具层次感，无论是大人还是小孩都会喜欢。

树莓 & 蓝莓酸奶冰棒

将树莓和蓝莓稍微煮一下，制成果酱。操作虽然简单，口感却得到了大大的提升。加入砂糖后，水果的颜色变得更加鲜艳。再配上酸奶，味道简直太棒了。虽然是酸味搭配，却让人觉得很香甜，真是不可思议。混合时不用搅拌得太均匀，这样冻好后就会呈现出像花瓣般的渐变效果。

草莓 × 树莓 × 蓝莓冰棒

材料（容量 50mL 的模具 6 个份 / 图片 A）

*a
- ┌ 水 ································· 280mL
- ├ 砂糖 ····························· 2.5 大匙
- └ 盐 ······························· 1 小撮

草莓 ································· 6 个
奇异果片 ··························· 3 片
柠檬片 ····························· 3 片
薄荷叶 ····························· 12 片
蓝莓（新鲜或冷冻的）··············· 12 个
树莓（新鲜或冷冻的）··············· 6 个

1　将 *a 中的砂糖和盐倒入水中溶解。如果不易溶解，可以将水稍微加热，完全溶解后再使其冷却到室温。

2　草莓去蒂，纵向切开。奇异果片和柠檬片分别对半切开。

3　将草莓尖朝下放入模具中，两边放上薄荷叶。将其余材料放入草莓和薄荷叶的空隙中，然后将 1 注入到模具边缘（图片 B）。

4　用竹签拨动模具内的水果，将它们调整成从外部看来比较漂亮的状态。盖上模具的盖子，插入木棒（图片 C），放入冷冻室冻 3 小时左右。拿出后稍微放置一会儿，就能轻松从模具中取出。

*如果用市面上买到的颜色较浅的 100% 苹果汁、100% 葡萄汁或柠檬汁等来代替水和砂糖，制作出的冰棒热量会更低。

树莓 & 蓝莓气泡冰棒

材料（容量 50mL 的模具 6 个份）

树莓（新鲜或冷冻的）··············· 18 个
蓝莓（新鲜或冷冻的）··············· 27 个
汽水 ······························· 250mL
柠檬片 ····························· 6 片

1　将树莓和蓝莓分别放入不同的模具中，然后将汽水注入到离模具边缘 1cm 处（图片 D）。

2　将柠檬片塞到 1 的表面上。盖上模具的盖子，插入木棒，放入冷冻室冻 3 小时左右。拿出后稍微放置一会儿，就能轻松从模具中取出。

草莓牛奶冰棒

材料（容量 50mL 的模具 6 个份）

*a
- ┌ 牛奶 ····························· 150mL
- ├ 原味酸奶 ························· 150mL
- └ 砂糖 ····························· 3 大匙

草莓 ································· 6 个

1　将 *a 中的砂糖倒入牛奶和酸奶中充分溶解。

2　草莓去蒂，切成薄片（图片 E）。将草莓薄片放入模具中，注意要使其贴住模具侧面。将 1 注入到模具的边缘。

3　用竹签拨动模具内的草莓，将它们调整成从外部看来比较漂亮的状态。盖上模具的盖子，插入木棒，放入冷冻室冻 3 小时左右。拿出后稍微放置一会儿，就能轻松从模具中取出。

A

B　C

D　E

草莓酱冰棒

材料（容量 50mL 的模具 6 个份）

草莓·····························1 袋（300g）

牛奶···································3 大匙

砂糖··· 2 大匙（按照个人喜好加入，不加也可以）

1　草莓去蒂后切碎，与其余材料一起放入搅拌机中搅
　　拌均匀。搅拌成何种状态可以按照喜好调整。稍微
　　保留些小块，做出的冰棒也很美味。

2　将 1 注入到模具的边缘（图片 F）。盖上模具的盖子，
　　插入木棒，放入冷冻室冻 3 小时左右。拿出后稍微
　　放置一会儿，就能轻松从模具中取出。

*如果是素食主义者，可以用豆乳、椰奶或杏仁奶等代替
牛奶。

巧克力麦片草莓酱冰棒

材料（容量 50mL 的模具 6 个份）

草莓酱（参考上述做法）·············6 个份

板状巧克力（黑巧克力）·············2 块

燕麦·······························2/3 杯

准备工作：按照上面的方法做出草莓酱冰棒，从模具
中取出后放在托盘上，然后一起放入冷冻室。

1　将板状巧克力切碎后放入碗中，然后连同碗一起放
　　入 50℃的水中隔水加热，并用勺子将巧克力搅拌成
　　柔滑的状态。燕麦倒入别的容器（或碗）中。

2　用草莓酱冰棒蘸取巧克力，然后马上放入装燕麦的
　　容器中，均匀裹上一层燕麦（图片 G）。

*除了燕麦之外，还可以裹上捣碎的饼干或坚果。

树莓 & 蓝莓酸奶冰棒

材料（容量 50mL 的模具 6 个份）

树莓果子露（方便制作的分量）

┌树莓（新鲜或冷冻的）··············40g

├从香草荚中取出的香草豆········ 1cm/ 份

└砂糖······························2 大匙

蓝莓果子露（方便制作的分量）

┌蓝莓（新鲜或冷冻的）··············40g

├从香草荚中取出的香草豆········ 1cm/ 份

├砂糖······························2 大匙

└水·································1 小匙

原味酸奶······························300mL

砂糖·································1 大匙

1　将制作树莓果子露的材料倒入锅中，开火煮 3 分钟
　　左右，一直煮到黏稠的状态为止。这个过程中要用
　　木铲不停搅拌，将树莓捣碎。用茶漏过滤树莓果子
　　露，去除树莓的籽。

2　将制作蓝莓果子露的材料倒入另一个锅中，开火煮
　　3 分钟左右，一直煮到蓝莓的皮变成弹软的状态为
　　止。这个过程中要用木铲不停搅拌。

3　待 1 和 2 冷却后，用餐刀将它们分别抹在模具的侧
　　面上（图片 H）。

4　将砂糖倒入酸奶中充分溶解，然后平均分成两份。
　　在每份酸奶中都加入 1 大匙果子露，搅拌均匀后注
　　入到 3 中模具的边缘。盖上模具的盖子，插入木棒
　　（图片 I），放入冷冻室冻 3 小时左右。拿出后稍
　　微放置一会儿，就能轻松从模具中取出。

F

G

H

I

让人回味无穷的夏日味道，清新爽口的冰棒！

一口大小的蜜桃梅尔芭

蜜桃梅尔芭是传说中的厨师艾斯考菲尔为著名歌手梅尔芭创作的一款甜点。我从这款将蜜桃罐头和树莓酱完美结合的甜点中得到灵感，制作出了使用新鲜水果的梅尔芭冰棒。它美味得让人想哼起歌呢！

香草植物冰碗

只需放入冰箱冷冻就能轻松做好。它不但能起到防止冰甜点融化的作用，用在聚会等场合更能引人注目。

芒果奶酪冰棒
白巧克力和椰蓉配料

芒果和乳制品是绝配。只需将它和奶油、奶酪一起放入搅拌机中搅拌，就能制作出最棒的奶酪冰棒。最后点缀一些白巧克力和椰蓉，使整个冰棒显得更加精致高级。

姜汁肉桂菠萝冰棒

制作这款冰甜点的窍门是在熟透的菠萝中加入大量的姜。令人惊艳的香甜味道中混入些许辛辣，能够很好地缓解夏日疲劳。用果冻模具制作出的冰棒外形非常可爱。利用蕾丝纸巾当做底托，即使融化也不会弄脏手。

番茄味西班牙冷汤冰棒

这是直接将番茄味西班牙冷汤冷冻后制作而成的冰棒。冷汤里有辛辣的辣椒和黑胡椒，即使冻成冰，吃起来却还像是热的一样。在酷热的夏天吃上这样一个冰棒，一定能带给你最强的活力。不喜欢吃甜食的人，也可以毫无顾虑地品尝。

一口大小的蜜桃梅尔芭

材料(容量15mL的制冰盒21个份)

树莓果子露（方便制作的分量）

- 树莓（新鲜或冷冻的）… 40g
- 砂糖…………………… 2大匙

白桃…………………… 2个
柠檬汁………………… 1小匙
原味酸奶……………… 100mL
砂糖…………………… 2大匙
柠檬…………………… 适量

准备工作：将柠檬片插到牙签前端
（参照P27图片）。

1. 将制作树莓果子露的材料倒入
   搅拌机中，搅拌成细腻柔滑的
   状态。用茶漏过滤树莓果子露，
   去除树莓的籽，然后倒入制冰
   盒中（如下图）。
2. 白桃去皮后切碎，和其余材料
   一起放入搅拌机中，搅拌成细
   腻柔滑的状态。用勺子将其舀
   到制冰盒中，装到9分的位置
   为止。
3. 将牙签插入2的中心，放入冷
   冻室冻3小时左右。拿出后稍
   微放置一会儿，就能轻松从制
   冰盒中取出。

香草植物冰碗

材料（1个份）

大碗…………………… 1个
小容器………………… 1个
自己喜欢的香草植物（薄荷、百里
香等）………………… 适量

1. 在大碗中注入6分左右的水，
   放入小容器，然后用胶带固定
   住。如果容器浮起来，可以在
   里面加些水，增加它的重量。
2. 调整小容器的状态，使大碗中
   的水位达到8分的位置。将香
   草植物放到小容器和大碗之间
   的空隙中。放入冰箱冷冻几个
   小时。表面冻结后，再往大碗
   中加水，加到边缘为止。放入
   冰箱接着冷冻，直至完全冻结
   （如下图：这样香草植物就不
   会浮到表面上来了）。
3. 将大碗浸入水中，借此取出做
   好的冰碗，将其放到盘子上。
   最后放上自己喜欢的冰棒即
   可。

芒果奶酪冰棒

材料（容量30mL的纸杯12个份）

芒果…………………… 1大个
（或者冷冻芒果200g）
奶油奶酪……………… 100g
原味酸奶……………… 70mL
蔗糖…………………… 3大匙
盐……………………… 1小撮

1. 芒果去皮去核。奶油奶酪切成
   边长为2cm的正方体。
2. 将1和其余材料一起放入搅拌
   机中，搅拌成细腻柔滑的状态。
   用勺子舀起，注入到模具的边
   缘（如下图）。
3. 用根据木棒大小打好孔的铝箔
   盖住模具。将木棒插入铝箔的
   孔中，这样木棒就固定住了，
   在冻的过程中也不会倒。放入
   冷冻室冻3小时左右。拿出后
   稍微放置一会儿，就能轻松从
   模具中取出了。

白巧克力和椰蓉配料

材料（容量 30mL 的纸杯 12 个份）
芒果奶酪冰棒（参考第 18 页）
…………………… 12 个
板状巧克力（白巧克力）… 2 块
椰蓉…………………… 1/3 杯

准备工作：将芒果奶酪冰棒从模具
中取出后放在托盘上，然后一起放
入冷冻室。

1 将板状巧克力切碎后放入碗
中，然后连同碗一起放入 50℃
的水中隔水加热，并用勺子将
巧克力搅拌成柔滑的状态。椰
蓉倒入别的容器（或碗）中。
2 用冰棒的底蘸取白巧克力，然
后马上放入装椰蓉的容器中，
裹上椰蓉（如下图）。

姜汁肉桂菠萝冰棒

材料（容量 120~150mL 的模具 2
个份）
菠萝（生）………… 净重 300g
姜…………………… 2cm 块状
蜂蜜………………… 1 大匙
肉桂条……………… 少许
蕾丝纸巾（直径 10cm 左右）
…………………… 2 枚

准备工作：在结晶化的蜂蜜中加入
少许热水，使其融化。

1 菠萝切碎，与姜和蜂蜜一起放
入搅拌机中，搅拌成细腻柔滑
的状态。菠萝和姜搅拌的大小
可以按照喜好调整。稍微保留
些小块，做出的冰棒也很美味。
2 将 1 注入到模具的边缘，撒上
掰碎的肉桂条。模具中心插上
塑料勺子，用打好孔的铝箔盖
住模具（这样勺子就固定住了，
在冻的过程中也不会倒）。放
入冷冻室冻 4 小时左右。
3 取下 2 的铝箔，套上中间用剪
刀剪开的蕾丝纸巾（如下图）。
在室温下稍微放置一会儿，从
模具中取出。

番茄味西班牙冷汤冰棒

材料（容量 50mL 的模具 6 个份 /
如下图）
小番茄…………………… 12 个
罗勒叶…………………… 6 片
黑胡椒（粗粒）………… 18 个
*a
┌ 番茄 …4 个（酱状净含量 280mL）
├ 柠檬汁 …………………… 1 小匙
├ 辣椒粉 …………………… 1/4 小匙
│ （或辣椒酱数滴）
└ 盐 ……………………… 1/4 小撮

1 小番茄去蒂，切成厚 8mm 的
片状。放入模具中，横断面要
朝向模具侧面。继续放入罗勒
叶和黑胡椒。
2 番茄去蒂，带着皮切成大块，
与 *a 中剩余的材料一起放入搅
拌机，搅拌成细腻柔滑的状态。
然后将其注入到 1 中模具的边
沿。
3 用竹签拨动模具内的食材，将
它们调整成从外部看来比较漂
亮的状态。盖上模具的盖子，
插入木棒，放入冷冻室冻 3 小
时左右。拿出后稍微放置一会
儿，就能轻松从模具中取出。

* 可以用 100% 番茄汁（280mL）代
替番茄。

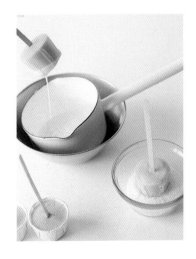

樱桃葡萄酒冰棒

出产樱桃的时间很短，所以一定要趁机好好品尝。只需用剩下的白葡萄酒将樱桃冻住，就制作出了这款樱桃葡萄酒冰棒。制作时也可以使用美国樱桃。在初夏的夜晚将它当做餐前酒食用吧。

鲜橙薄荷冰棒鸡尾酒

将夏日出产的鲜橙和薄荷一起放入搅拌机中搅拌，散发出的清新味道实在让人心旷神怡。冻好之后只需将它们放入苹果酒中，一款冰冻鸡尾酒就完成了。

樱桃葡萄酒冰棒

材料（容量 50mL 的模具 6 个份）

樱桃·····························30 个
白葡萄酒······················270mL
果子露（或第 67 页的白糖浆）·····2 大匙

1 樱桃用水洗净并沥干水分，每个模具中放入 5 个。
2 将白葡萄酒和果子露混合均匀，注入到 1 中模具的 8 分位置（如上图）。将茶勺放在模具中，使其靠着模具一侧（参照第 20 页图片）。用铝箔盖住模具，进行固定。放入冷冻室冻 3 小时左右。拿出后稍微放置一会儿，就能轻松从模具中取出。

★ 可以用 100% 葡萄汁代替白葡萄酒。

鲜橙薄荷冰棒鸡尾酒

材料（容量 50mL 的模具 6 个份）

橙子·····························4 个
薄荷叶························10 片
苹果酒（苹果的发泡酒）··········500mL

1 橙子剥皮后切开，去除籽和较硬部分。与薄荷叶一起放入搅拌机，搅拌到细腻柔滑的状态。
2 将 1 注入到模具的 8 分位置。模具中心插上木棒，用打好孔的铝箔盖住模具（如上图：这样木棒就固定住了，在冻的过程中也不会倒）。
3 放入冷冻室冻 3 小时左右。拿出后稍微放置一会儿，就能轻松从模具中取出。将冰棒放入玻璃杯中，慢慢倒入苹果酒。

★ 三角形模具是进口的纸杯。用这种形状有趣但不易放置的容器时，将它们放在塑料杯中固定，就不会失败了。
★ 用香槟代替苹果酒，味道也不错。

秋困夏乏，来一款让人振奋的冰棒吧！

苹果肉桂冰棒

将苹果稍微煮一下，制成果酱后冻成冰棒。蜂蜜和肉桂带来浓郁柔和的口感。放入市面上买到的现成派皮中，一款冰冻苹果派马上就诞生了。制作成一口大小，很适合当每日的零食。

葡萄薄冰片

霜降的早晨，池塘结起了薄冰。我用这款冰甜点再现了
轻轻用手拿起冰，然后在手中掰碎的感觉。用葡萄汁封
住切成薄片的葡萄，制作成薄薄的冰片，将其掰碎的过
程就是一件很有意思的事。掰成合适的大小之后，用手
直接拿着吃吧。

无花果枫糖果子露

无花果冷冻之后会变成美味的天然冰棒。它既保留着冰脆的口感，同时又兼备浓厚黏稠的独特味道。冰棒中的甜味来源于枫糖果子露。制作时注意不要将无花果弄得太碎，带有些许颗粒感反而显得更美味。

一口大小的鳄梨冰棒

鳄梨，人称森林中的黄油，可见其口感之细腻浓厚。将其捣碎后冷冻而成的冰甜点，简直可以称得上是森林中的奶酪蛋糕。即使是一口大小，也能让你满足不已。制作时加入少许柠檬当点缀，使这款冰甜点带上十足的清凉感和清爽的余味。

苹果肉桂冰棒

材料（容量 30mL 的模具 10 个份）

苹果······························ 1 个（净重 300g）
水······························· 80mL
蜂蜜······························ 1 大匙
肉桂粉···························· 1/4 小匙

1 苹果削皮去核后切成块状，跟水一起倒入搅拌机中，搅拌成细腻柔滑的状态（也可以用擦丝器等磨碎苹果）。

2 将 1 倒入小锅中，加入蜂蜜和肉桂粉开中火加热。用木铲搅拌 2 分钟左右，待其沸腾后关火（如下图）。

3 将 2 注入到模具的边沿。模具中心插上木棒，用打好孔的铝箔盖住模具（这样木棒就固定住了，在冻的过程中也不会倒）。放入冷冻室冻 3 小时左右。拿出后稍微放置一会儿，就能轻松从模具中取出。

葡萄薄冰片

材料（25cm×18cm 的托盘 1 个份）

蜂蜜······························ 1 大匙
白葡萄汁·························· 400mL
自己喜欢的葡萄····················· 10~15 颗

准备工作：在结晶化的蜂蜜中加入少许热水，使其融化，然后与葡萄汁充分混合。

1 葡萄切成厚 4mm 的薄片，摆入托盘中，注意整体的配色及美感（如下图）。

2 将果汁慢慢注入 1 中。包上一层保鲜膜，放入冷冻室中。

3 当 2 稍微冻结时，用竹签拨动葡萄，调整整体布局。放入冷冻室冷冻 2 小时，直至完全冻结。拿出后稍微放置一会儿，就能轻松从模具中取出。掰成适当的大小，盛入盘中。

无花果枫糖果子露

材料（容量 200mL 的纸杯 3 个份）

无花果……………………… 3 个（300g）

枫糖果子露…………………………4 大匙

1 无花果去皮后切成块状，与枫糖果子露一起放入搅拌机中搅拌。搅拌的状态可以根据自己的喜好调整。稍微保留些小块，做出的冰棒也很美味。

2 将 1 分成 3 等份，分别注入到 3 个纸杯中，然后将纸杯按照图中所示折到一起。模具中心插上木棒，用夹子固定住(如下图)。放入冷冻室冻 3 小时左右。拿出后稍微放置一会儿，就能轻松从模具中取出。

一口大小的鳄梨冰棒

材料（容量 25mL 的迷你玛芬模具 12 个份）

*a

┌ 熟透的鳄梨 ……………………………1 个

├ 柠檬汁 ……………………………………1 小匙

├ 原味酸奶 …………………………… 110mL

└ 枫糖果子露 ………………………… 90mL

柠檬小片………………………………… 适量

准备工作：将柠檬片插到花型牙签（普通牙签也可以）前端（如下图）。

1 鳄梨去皮去核，切成块状。与 *a 的其余材料一起放入搅拌机中，搅拌成细腻柔滑的状态。

2 用勺子舀起 1，注入到模具中，装至 9 分位置。模具中心插上花型牙签，放入冷冻室冻 3 小时左右。拿出后稍微放置一会儿，就能轻松从模具中取出。

＊牙签或美式木签比较细且前端是尖的，冻好后从模具中取出时，很容易脱落。为了防止出现这种情况，要提前在牙签或美式木签前端串上柠檬或自己喜欢的水果。这样不但能防止脱落，而且吃到最后一口时还能体验到一个小小的惊喜。

冬季的别样美食，味道浓郁的冰棒！

蜜柑 × 柑橘类水果冰棒

口感清爽的水果冰棒。柑橘类水果普遍含
有很多水分，直接放入口中，甜美的汁水
马上就会扩散开来。以前很流行将蜜柑冻
起来食用，而将它和西柚组合起来，就能
制作出一种前所未有的美味冰点。

奇异果冰棒

用奇异果冻成的冰棒，很像东南亚小吃摊上卖的冰点。食用时只需将前端打结部分剪掉即可。日本也有类似的棒状冰点，不过用新鲜水果来制作，能打造出天然的清新味道。一次可以多做一些，放在冰箱中当小点心。

开心果小豆蔻奶油冰棒

"kulfi"是一种印度的传统冰激凌，制作时要将牛奶煮开。
在原有冰点基础上，我用小豆蔻调味，然后撒上了大量
香脆的开心果。这款冰棒口感柔滑清爽，很适合在吃完
辛辣的咖喱料理后食用。

红豆香蕉豆乳冰棒

红豆冰棒是代表性的和风冰点，加入香蕉后，口感和味道都会更上一层楼。豆乳是豆类制成的，跟红豆味道很搭，而且素食主义者也可以放心食用。在冻的过程中红豆会下沉，制造出自然的渐变效果，吃的时候味道也会慢慢改变。

蜜柑 × 柑橘类水果冰棒

材料（容量 50mL 的模具 6 个份）

蜜柑片	6 片
丑桔片	3 片
西柚片	3 片
柠檬片	6 片
百里香	6 根
100% 橙汁（或石榴汁）	280mL
柠檬小片	适量

准备工作：将柠檬小片插到美式木签的前端（参照 P27 图片）。

1 蜜柑、丑桔、西柚剥皮，切成厚 7mm 的片状，去掉籽。丑桔片和西柚片对半切开，柠檬带皮切成厚 2mm 的薄片。

2 将蜜柑放入模具中，其余食材塞到空隙里。将果汁注入到模具边沿（如下图）。

3 用竹签拨动模具内的水果，将它们调整成从外部看起来比较漂亮的状态。插上美式木签，盖上铝箔，放入冷冻室冻 3 小时左右。拿出后稍微放置一会儿，就能轻松从模具中取出。

*P28 的红色冰棒是用石榴汁制成的。还可以用胡萝卜汁制作。

奇异果冰棒

材料（宽 4cm × 长 20cm 的食品袋 12 个份、1 个 =70mL 参照 P80）

熟透的奇异果	8 个
水	200mL
柠檬汁	2 小匙
砂糖	3 大匙

准备工作：准备好高 10~15cm 的空瓶。

1 奇异果剥皮，切成块状，与其余食材一起放入搅拌机中搅拌。

*奇异果的籽碎掉后会产生苦味，所以一定不能搅拌太久。可以按照"搅拌 3 秒后停止"的方法搅拌数次，直到搅拌成细腻柔滑的状态为止。

2 将食品袋放入空瓶中，然后将漏斗塞到食品袋的口上，开始注入 1，一直注入到 2/3 的高度为止（如下图）。用手拉紧袋口，打一个死结。

3 放入冷冻室冻 3 小时左右。食用时用剪刀剪开，就不会弄脏手了。

开心果小豆蔻奶油冰棒

材料（容量 120mL 的布丁模具 5 个份）

成分无调整牛奶·································· 1L
炼乳·································· 130g（1 支）
砂糖··································4 大匙
小豆蔻粉································· 1/8 小匙
（或小豆蔻籽 2 个）
开心果··································· 30 粒

1 将牛奶、炼乳和砂糖倒入锅中，开中火加热，轻微沸腾后调成小火，边加热边用木铲轻轻搅拌（如下图）。中途如果表面出现一层膜，要用木铲搅碎。

   ＊煮牛奶时很容易溢锅，一定要多加注意。窍门是将火调到能让牛奶轻微沸腾的大小。

2 将 1 加热 30 分钟左右，直到锅中液体变成原本 1/2 的量（约 500mL）为止。当牛奶变黏稠且略微变色时，关火。

   ＊推荐使用口径比较大的锅，这样牛奶会更易煮开。

3 将小豆蔻粉加入 2 中，充分搅拌。用汤勺舀起锅中液体，注入到准备好的模具中。用根据木棒大小打好孔的铝箔盖住模具。将木棒插入铝箔的孔中，这样木棒就固定住了，在冻的过程中也不会倒。放入冷冻室冻 4 小时左右。

   ＊不喜欢小豆蔻味道的人可以用香草豆代替。

4 撒上切碎的开心果后食用。

红豆香蕉豆乳冰棒

材料（容量 50mL 的模具 6 个份）

豆乳·································· 250mL
煮熟的红豆（可用红豆罐头或按照 P64 的方法自制）
··································6 大匙
香蕉片·································· 18 片
柠檬汁·································· 少许

准备工作：准备 3 副一次性筷子，提前掰开。

1 将豆乳和煮熟的红豆倒入量杯等容器中，搅拌均匀。

2 香蕉剥皮，切成厚 7mm 的片状，洒上柠檬汁（为了防止变色）。每个模具中放入 3 片香蕉片，将 1 注入到模具边缘（如下图）。

3 用竹签拨动模具内的香蕉片，将它们调整成从外部看来比较漂亮的状态。将一次性筷子斜着插入模具中，盖上铝箔。放入冷冻室冻 3 小时左右。拿出后稍微放置一会儿，就能轻松从模具中取出。

   ＊如果不是使用自己煮的红豆，而是使用现成的红豆罐头，要在进行步骤 1 操作时加入 1~2 大匙蔗糖，来调整甜度。

集中放到一起，
营造很有季节感的冰点派对！

双色加盐西瓜

将黄色和红色两种西瓜冻起来，就能打造出这款外表华
丽的冰点。插入木棒是为了防止食用时弄脏手。在聚会
中端出切好的西瓜，总是三口两口就被吃光了。但冷冻后，
宾客没法一口气吃完，一盘可以吃很长时间。撒盐的量
可以按照自己的喜好调整。

双层蜜瓜冰棒

没熟的蜜瓜和熟透的蜜瓜，在果肉的含水量和甜味上都有所不同。熟透的蜜瓜本身就够甜了，不需要另外加甜味剂。将绿色和红色果肉分层冻成冰棒，看起来非常好看。用吸管代替木棒，连同玻璃杯一起端上桌，即使融化了也可以直接当做思慕雪食用。吃的时候不用一直拿着，所以也不会影响宾客交谈。

咖啡柠檬蛋糕

蛋糕是派对的主要甜点之一，每每端出都会引起阵阵欢呼。制作这款咖啡柠檬蛋糕时，既不用准备冰激凌机，中途也不用费力搅拌。只需将柠檬酱与鲜奶油混合到一起，就能制作出美味的冰激凌蛋糕。最后用微苦的咖啡给酸甜可口的柠檬调味，使整体味道更加上乘。

草莓芭菲

草莓从 10 月到次年 5 月都能买到，在缺少水果的冬季显得非常珍贵。用草莓做成的甜点在冬天的生日会、圣诞节、春节、情人节、女儿节和复活节等节庆聚会中都能大显身手。这款一口大小的草莓芭菲可以直接用手拿起来食用，非常适合在派对时招待客人。

双色加盐西瓜

材料（10 人份）

红色大玉西瓜……… 1/6 个份
黄色大玉西瓜……… 1/6 个份
天然盐………………适量

1. 将西瓜切成厚 1.5cm 的三角形，用刀在瓜皮中央切出一个切口，插上木棒（如下图）。
2. 在托盘上铺一层保鲜膜，将西瓜叠放在上面，用保鲜膜包住所有西瓜。放入冷冻室冻几个小时。按照喜好撒上盐后食用。

双层蜜瓜冰棒

材料（容量 120mL 的玻璃杯 6 个份）

熟透的青肉蜜瓜…… 1/2 个份
熟透的红肉蜜瓜…… 1/2 个份

1. 将青肉蜜瓜的籽连同果汁一起舀到茶漏中。用勺子使劲按压，将果汁挤到碗中（参照 P50 图片）。将挤出的果汁和果肉一起放入搅拌机，搅拌成细腻柔滑的状态。
2. 将 1 注入到玻璃杯一半的位置。用打好孔的铝箔盖住模具。将吸管插入铝箔的孔中，这样吸管就固定住了，在冻的过程中也不会倒。放入冷冻室冻 1 个半小时左右，直到表面冻结为止。
3. 红肉蜜瓜也按照与步骤 1 相同的方法搅拌成细腻柔滑的状态，然后注入 2 中（如下图）。再次盖上铝箔，放入冷冻室冻 3 小时左右，直至完全冻结。拿出后稍微放置一会儿，就能轻松从模具中取出。

＊如果蜜瓜没熟透，可以再加 1~2 大匙炼乳，调整整体甜度。

草莓芭菲

材料（方便制作的分量）

草莓…………………… 1 袋
鲜奶油（45% 以上的）
………………………… 100mL
蔗糖………………… 1 大匙

1. 将鲜奶油和蔗糖一起倒入碗中，用打蛋器打发到 8 分程度（能立起尖角），然后装入裱花袋中。
2. 将草莓分别从离蒂和离前端 5mm 处切开。将草莓中间部分立起，在切口上挤 1，放上前端，然后将带蒂的部分盖在上面（如下图）。整齐地摆放到托盘中，包上保鲜膜，放入冷冻室冻 3 小时左右。

咖啡柠檬蛋糕

材料（20cm×10cm×高8cm的蛋糕模具1个份）

柠檬酱（方便制作的分量·约280mL/份）
- 鸡蛋 ·····················2个
- 柠檬汁 ·················2个份
- 黄油（无盐型）·············100g
- 砂糖 ····················150g

柠檬酱（也可直接购买）········200mL
鲜奶油（乳脂肪45%）··········400mL
手指饼干·······················8根
意式浓咖啡····················50mL

准备工作：将厨房用垫纸铺到模具中。

1　制作柠檬酱。鸡蛋在碗中打散，加入剩余材料，放入90℃的热水中隔水加热（一定不能沸腾）。砂糖溶解后用茶漏过滤一遍，再次隔水加热，用木铲边搅拌边加热20分钟左右（图片A：用勺子划一下木铲上的柠檬酱，如果痕迹不会消失就证明做好了）。取出200mL，待其完全冷却。

　剩余柠檬酱要放入冰箱冷藏。保存时间大约为2周。可以配司康等甜点吃。

2　将鲜奶油倒入碗中，用打蛋器打发到7分程度（能立起较软的尖角），加入柠檬酱，搅拌均匀。将一半的量倒入模具中，用木铲抹平。

3　将意式浓咖啡倒入斜放的托盘中，放入手指饼干蘸一下后拿出（图片B），摆放在2上。重复此操作，手指饼干全摆上后，倒入剩余的2，抹平表面（图片C）。

　手指饼干泡太久就会变软，蘸一下之后就要马上拿出。

4　盖上保鲜膜，放入冷冻室冻半天，直到完全冻结为止。拿出后稍微放置一会儿，从模具中取出。用温水暖刀，将蛋糕切成宽1cm的小块。

A

B

C

第 2 章
四季乐享的思慕雪、法式冰霜、沙冰

蔓越莓拉西思慕雪

将水果和乳制品放入搅拌机混合后做成的刨冰，被称为思慕雪。我将印度的酸奶饮料拉西与蔓越莓混合，制成了这款全新的思慕雪。深粉色的思慕雪，主要突出蔓越莓的味道。浅粉色的思慕雪，则主要突出酸奶的味道。大家可以按自己的喜好调节。

春天，就要品尝色彩柔和的天然冰点！

女儿节的甜酒法式冰霜

甜酒是以米酒或酒糟为原料制作而成的饮料。自古以来，日本就有在夏天饮用冰甜酒祛暑的习惯。制成法式冰霜后，略带酒精的甜味会变得更加明显。最后撒上有嚼劲的珍珠糖，使味道更上一层楼。

41

天然彩虹思慕雪

洒上各种口味果子露的彩虹思慕雪，是夏威夷的传统冰甜点。不过，想在市面上买到这些果子露却是件很难的事。于是，我将吃剩的水果冷冻起来，放入搅拌机搅拌，制成了这款天然的彩虹思慕雪。

兵豆泥木薯糖水

糖水是越南的传统冰点。来到越南的市场，随处可见贩卖糖水的
小摊，加兵豆泥是最基础的口味，另有水果、果冻、木薯等配料
可供选择。撒上花生碎和椰丝也美味得不得了。

蔓越莓拉西思慕雪

材料（各 1 人份）

深粉色思慕雪

┌ 树莓（新鲜或冷冻的）·················70g
├ 原味酸奶·····························70mL
├ 牛奶································50mL
└ 砂糖······························1 大匙

浅粉色思慕雪

┌ 树莓（新鲜或冷冻的）·················20g
├ 原味酸奶·····························120mL
├ 牛奶································50mL
└ 砂糖······························1 大匙

* 两种思慕雪的制作方法相同。

1 挑出有伤的树莓，将剩余的完好树莓放入自封袋中，
   挤出空气，放入冰箱冷冻（如下图）。
   如果使用现成的冷冻树莓，可以省去这一步。

2 用勺子将原味酸奶搅拌成细腻柔滑的状态，倒入制
   冰盒中，放入冰箱冷冻。

3 从 2 的制冰盒中取出酸奶冰块，放入搅拌机中。倒
   入剩余的材料，盖上盖子，搅拌 30 秒左右。如果
   不易搅拌，可以暂时关上搅拌机，用橡胶铲拌几下
   后，继续搅拌。

4 用大勺舀出 3，盛入杯中。插上一只塑料勺。

女儿节的甜酒法式冰霜

材料（方便制作的分量：约 5 人份）

甜酒································500mL
珍珠糖·····························适量

1 将甜酒倒入托盘中，盖上保鲜膜，放入冰箱冷冻
   1~2 小时。

2 用叉子划开 1 并碾成霜状（如下图）。将冰霜倒入
   冷冻过的玻璃杯中，按照喜好撒上珍珠糖。

天然彩虹思慕雪

材料（方便冷冻的分量：约3人份）

草莓·························· 1袋（约300g）

菠萝·················· 1/3个（约300g）

奇异果·············· 4个（约300g）

砂糖······························9大匙

炼乳······························3小匙

牛奶······························ 适量

1 草莓去蒂，纵向切成4块，撒上3大匙砂糖。菠萝和奇异果去皮，切成片状后各自撒上3大匙砂糖。

2 将1放入自封袋中，挤出空气，放入冰箱冷冻（如下图）。

3 制作1人份。将2中1/3的草莓、1小匙炼乳和2~3大匙牛奶倒入搅拌机，搅拌30秒左右。

4 用橡胶铲舀出3，倒到托盘上，放入冰箱冷冻。

5 接下来将1/3的菠萝也按照步骤3的方法搅拌，然后倒到4中托盘空出的位置，再次放入冰箱冷冻。

6 将1/3的奇异果也按照步骤3的方法搅拌。

*为了防止奇异果的籽碎掉后会产生苦味，可以按照搅拌3秒后停止的方法搅拌数次，直到搅拌成细腻柔滑的状态为止。

7 从冷冻室取出5，与6交替盛入准备好的杯子中，制作出3种颜色的彩虹思慕雪。插上粗吸管。

兵豆泥木薯糖水

材料（1人份）

配料

┌兵豆泥（制作方法参照P65）······2大匙

└木薯粉圆·······························2大匙

1 在一个大锅中倒入足量的水，开火加热至沸腾。加入木薯粉圆，将火调至木薯粉圆在锅中上下翻动的大小，煮到木薯粉圆的芯也煮透为止。

*如果是小粒的木薯粉圆，需要煮20分钟左右。像图片中一样的大粒木薯粉圆，则需要煮1个半小时。请按照包装袋上的标示煮。煮大粒木薯粉圆时，可以一次煮一袋，剩下的泡入冷水中放进冰箱冷藏。注意要在2~3天内吃完，可以搭配冰激凌和椰奶等食用。

2 将1倒入筮篱，沥干水分。过凉水使其充分冷却。

3 将刨冰倒到玻璃杯4分的位置，然后放上1大匙兵豆泥。再次加入刨冰，加到边沿为止，放上剩余的兵豆泥和2（如下图）。插上粗吸管。

*越南糖水只要有冰和兵豆泥就能轻松做出，很适合在派对上当甜点。制作多人份糖水时，可以按照图片所示进行流水作业。具体方法是，将搅好的刨冰放到一个大碗中，摆上一排玻璃杯，用大勺分别盛入刨冰。然后依次加入兵豆泥、刨冰、兵豆泥和木薯粉圆。用这种操作方法比较有效率。

夏天，一定要吃用整个水果做成的冰点！

西瓜碗法式冰霜

没用的西瓜皮，只需做一点改造，马上就能变身为漂亮的容器。瓜皮中盛满法式冰霜，撒上甜纳豆当籽，就像真的西瓜一样，让人看着不禁露出微笑，很适合当暑假的甜点，分给大家吃时一定会很开心。除了直接吃，还可以按照喜好浇上蜂蜜或炼乳。

哈蜜瓜碗法式冰霜

哈蜜瓜籽周围的果汁是最香甜的，一定不能扔掉。滤掉籽后跟果肉一起搅拌，做出的冰霜味道会更加浓郁。冰霜上可以撒上一些葡萄干，这样看起来就像是切开的蜜瓜一样了。红肉蜜瓜按照相同方法制作成冰霜，也会很美味。

西柚篮法式冰霜

只需在西柚皮的两处切出切口，就能做出优雅的篮子造型。中间盛的法式冰霜不需要特别的材料，就是最简单的刨冰。刨冰是用叉子刮出来的，大大的冰粒更能突出西柚的美味。可以按照喜好加入 2 大匙伏特加，打造出成熟的味道。

夏日蜜柑篮法式冰霜

夏季出产的柑橘类水果有很多种,例如夏蜜柑、八朔橘等,直接吃觉得很酸时可以尝试做成法式冰霜。制作出美味冰霜的窍门是加入大量的蜂蜜。蜂蜜能使冰霜的口感变得更加柔和清爽,外面的蜜柑篮容器,看起来既朴素又可爱。

西瓜碗法式冰霜

材料（3~4 人份）
西瓜……………………… 净重 450g
砂糖………………………………3 大匙
甜纳豆（或者是煮熟的红豆）…… 约 20 颗

1 将西瓜从一半稍微往上的位置水平切开。用大勺舀出果肉和果汁，制作成碗形。果肉用手捏碎，取出所有籽。准备 480g 捏碎的果肉。

2 将 1 和砂糖一起放入搅拌机中，搅拌 30 秒左右。如果没有搅拌机，可以用打蛋器稍微搅拌一下。

3 将 2 倒到托盘中，盖上保鲜膜，放入冰箱冷冻 1~2 小时。

4 趁着冷冻时，开始修饰瓜皮。用刀削去瓜皮边缘处 2~3cm 的红色果肉。这样盛上冰霜时会显得更好看。

5 在 4 中瓜皮的边沿切出锯齿形（如下图）。重复此操作，将瓜皮一周都切成锯齿形。包上保鲜膜，放入冰箱冷冻。

另一半瓜皮也可以按照相同方法装饰好，当做比较浅的碗来用。

6 用叉子将 3 刮成冰霜，盛到 5 中。撒上一些甜纳豆，来当西瓜籽。

本冰点要使用小玉西瓜。

哈蜜瓜碗法式冰霜

材料（3~4 人份）
哈蜜瓜……………… 1 个份（净重 300g）
砂糖………………………………3 大匙
葡萄干（可不加）……………… 约 20 颗

1 哈蜜瓜横向对半切开。用勺子将籽连同附近的果汁一起舀到笊篱中，使劲按压，将果汁挤到碗里（如下图）。

2 用大勺挖出 1 中哈蜜瓜的果肉，放入 1 的碗里。

3 将 2 和砂糖一起放入搅拌机中，搅拌 20 秒左右。如果没有搅拌机，可以用打蛋器稍微搅拌一下。

4 将 3 倒到托盘中，盖上保鲜膜，放入冰箱冷冻 1~2 小时。

5 趁着冷冻时，开始修饰瓜皮。用刀削去瓜皮边缘处 2~3cm 的绿色果肉。这样盛上冰霜时会显得更好看。

6 在 5 中瓜皮的边缘，每隔 1.5cm 切出一个三角形。重复此操作，将瓜皮一周都切成相同的形状。另一半瓜皮也按照相同的方法修饰好。两个瓜皮都包上保鲜膜，放入冰箱冷冻。

7 将葡萄干放入热水中泡 5 分钟左右，让它们膨胀起来。沥干水分。

8 用叉子将 4 刮成冰霜，盛到 6 中。撒上 7，来当哈蜜瓜籽。

葡萄干要选择绿色的。

西柚篮法式冰霜

材料（4 人份）
西柚·······························2 个
砂糖·······························4 大匙
炼乳·······························2 大匙
细绳·······························适量

1 西柚横向对半切开。用勺子挖出果肉，剥去果肉上的薄皮，放入碗中。

2 将步骤 1 中的果肉、砂糖和炼乳一起倒入搅拌机中，搅拌 20 秒左右。如果没有搅拌机，可以用打蛋器稍微搅拌一下。

3 将 2 倒到托盘中，盖上保鲜膜，放入冰箱冷冻 1~2 小时。

4 趁着冷冻时，开始制作西柚篮。用手剥去西柚皮内侧的果肉薄皮。

5 用刀在 4 边缘 8mm 处左右各切出一条切口（如下图）。拉起切开的部分，用细麻绳系在一起，制作成篮子的提手。放入冰箱冷冻。

6 用叉子将 3 刮成冰霜，只需刮出当时食用的量即可。用勺子盛到 5 的篮子中。

夏日蜜柑篮法式冰霜

材料（2 人份）
夏季蜜柑·························2 个
砂糖·······························4 大匙
蜂蜜·······························2 大匙

1 制作篮子的提手：在蒂的左右两边纵向切出切口，切到一半的位置。蒂的部分要留出 1.5cm 左右，切的时候要注意左右对称。

2 接着从蜜柑一半的位置水平切出切口，拿走切下的果肉。另一边也按照相同方法切出切口（步骤 1、2 在图片的后方）。

3 用刀将提手部分的果肉切下来（步骤 3 在图片的前方）。

4 制作篮子主体：将刀插到蜜柑皮和果肉之间，切出切口，这样果肉会更容易取出。用手挖出果肉。切去 1~3 步中果肉上的果皮，放入碗中。仔细去除果肉上的薄皮和籽。

5 将 4 和砂糖、蜂蜜一起倒入搅拌机，搅拌 20 秒左右。如果没有搅拌机，可以用打蛋器稍微搅拌一下。

6 将 5 倒到托盘中，盖上保鲜膜，放入冰箱冷冻 1~2 小时。

7 趁着冷冻时，完成蜜柑篮的装饰。用手剥去蜜柑皮内侧的果肉薄皮。放入冰箱冷冻。

8 用叉子将 6 刮成冰霜，盛到 7 的蜜柑篮中。

秋天，品尝一下令人怀念的牛奶味冰点吧！

红茶牛奶沙冰

将冰块放入搅拌机搅拌后制成的冰点被称为沙冰。如果只用茶制作，容易出现白浊现象，换成奶茶就没有这个顾虑了。红茶制作成沙冰后，即使融化了味道也不会变淡，能放心地享用到最后一口。

咖啡牛奶沙冰

咖啡沙冰是咖啡馆中经常会出现的一款冰点。放入口中，咖啡的香味会立刻扩散开来。除了咖啡外，再冷冻一些牛奶，一道双层咖啡牛奶沙冰就完成了。

红茶牛奶沙冰

材料（2 人份）

红茶叶·····················2 大匙

牛奶················ 350mL+50mL

砂糖·····················4 大匙

焦糖果子露（制作方法参照 P56）···2 小匙

1 将茶叶和 350mL 的牛奶倒入小锅中，加入砂糖，开中火加热。沸腾后调成小火，煮 1 分钟左右。关火，用茶漏过滤。稍微冷却后倒入制冰盒中，放入冰箱冷冻（如下图）。

2 将冰块从制冰盒中取出，放入搅拌机中。再倒入 50mL 牛奶，盖上盖子，搅拌 30 秒左右。如果搅拌机刀刃被卡住，可以再加入一些牛奶进行调整。

3 将 2 搅拌成细腻柔滑的状态后，用大勺舀出，倒入小碗中。按照自己的喜好，用勺子将焦糖果子露浇到沙冰上。

咖啡牛奶沙冰

材料（方便制作的分量：约 3 人份）

稍浓的咖啡····················· 400mL

砂糖·····················7 大匙

牛奶················ 400mL+2 大匙

水·····················2 大匙

焦糖果子露（制作方法参照 P56）···1 小匙

1 将砂糖倒入咖啡中溶解（也可以使用市面上买到的加糖咖啡）。稍微冷却后倒入制冰盒中，放入冰箱冷冻。

2 将 400mL 牛奶倒入制冰盒中，放入冰箱冷冻（步骤 1、2 参照图片）。

  ＊如果制冰盒放不下，可以倒入托盘等容器中冷冻。冻好后用叉子等工具稍微弄碎后放入搅拌机即可。

3 将 1/3 的牛奶冰块从制冰盒中取出，放入搅拌机中。再倒入 2 大匙牛奶，盖上盖子，搅拌 30 秒左右。如果搅拌机刀刃被卡住，可以再加入一些牛奶进行调整。

4 将 3 搅拌成细腻柔滑的状态后，用大勺舀出，倒入小杯中。然后放入冰箱冷冻。

5 将 1/3 的咖啡冰块从制冰盒中取出，放入搅拌机中。再倒入 2 大匙水，盖上盖子，搅拌 30 秒左右。如果搅拌机刀刃被卡住，可以再加入一些水进行调整。

6 将 5 搅拌成细腻柔滑的状态后，用大勺舀出，倒入 4 中。按照自己的喜好浇上焦糖果子露。

白豆奶昔

小时候，有一个场景让我一直记忆犹新。在家附近一个优雅的甜品屋外，漂亮的庭院中铺着可爱的小碎石，中间的小池塘旁，放着中国风的陶器桌椅。这个店里的白豆奶昔口感实在绝妙，让我一直难以忘怀。偶然想起，便依靠记忆制作出了这款奶昔。

白豆奶昔

材料（2人份）

蛋黄·····························2 个份

砂糖·····························1 大匙半

牛奶·····················300mL+100mL

香草豆·········· 1cm（或香草精数滴）

白豆泥（或白色甜纳豆）（制作方法参照 P65）

·····························4 小匙

1 将蛋黄、砂糖和 300mL 牛奶倒入搅拌机中。用餐
  刀从香草荚中取出香草豆，放入搅拌机中。盖上盖
  子，搅拌 20 秒左右，直到搅拌成细腻柔滑的状态
  为止。

2 将 1 倒入制冰盒中，放入冰箱冷冻 2 小时左右。

3 在玻璃瓶底各放上 2 小匙白豆泥。

4 从 2 的制冰盒中取出冰块，再次倒入搅拌机，注入
  100mL 牛奶（如果使用香草精，要在这一步跟牛奶
  一起加入到搅拌机中）。

5 搅拌 20 秒左右，直到 4 变成细腻柔滑的状态为止（如
  上图）。如果搅拌机刀刃被卡住，可以用橡胶铲搅
  几下，按动开关 3 秒后离开。重复数次此操作。

6 将 5 倒入 3 的容器中。插上粗吸管。

焦糖果子露的制作方法

材料（方便制作的分量）

砂糖·····························3 大匙

水·······························1 大匙半

热水·····························1 大匙半

炼乳·····························2 大匙

1 将砂糖和水倒入小锅中，开中火加热。当糖变成焦
  黄色、锅中不停冒起大泡且略微冒烟时，关火。马
  上加入热水，摇动几下。

2 当 1 停止沸腾时，加入炼乳（如上图中的 A），用
  勺子搅拌均匀。将搅拌好的焦糖果子露倒入清洁干
  燥的小瓶（如上图中的 B）里，放入冰箱中冷藏。
  保存时间为 3 周左右。

★ 制作 P52、P53、P61 的冰点时，可以用市面上买到的枫
  糖果子露（上图中的 C）代替焦糖果子露。

冰甜点工具的使用方法

搅拌机

搅拌机是制作"冰棒"时不可或缺的工具。另外，将冻过的水果和乳制品一起放入搅拌机中搅拌，能做出口感细腻柔滑的"思慕雪"。将冷冻过的咖啡或红茶搅拌后，能做出冰粒较粗的"沙冰"。食物料理机也可以起到相同的作用。制作时放的水越少，味道越浓越好吃，所以有时会不容易搅拌。如果遇到这种情况，可以关上搅拌机，用橡胶铲拌几下，再继续搅拌。具体做法是"按动开关3秒后离开"，重复数次此操作。

叉子

即使没有像搅拌机这样的特别工具，只要有叉子和托盘，就能制作出"法式冰霜"。将液体倒入托盘，表面盖上保鲜膜，放入冰箱冷冻。然后用叉子刮开，冰粒较大的法式冰霜就做好了。为了防止变味，不要用叉子一次性刮开，最好到吃的时候再刮。

手动式刨冰机

这款是家庭用的手动式刨冰机。只需转动把手，就能制作出美味刨冰。照片后方的刨冰机功能较多，既可以磨碎专用圆筒容器冻出的冰，也可以磨碎制冰盒冻出的方形冰块。照片前方的刨冰机只能磨碎专用圆形容器冻出的冰，无法磨碎冰块，但胜在价格便宜。可以提前用专用容器冻出5~6个大冰块放在冰箱里备用，这样操作就会更顺畅。

电动刨冰机

本书中制作"刨冰"使用的是家庭用电动刨冰机。电动刨冰机有很多种，不过我们推荐大家购买可以调节冰的粗细和磨碎方形冰块的类型。想一次制作很多刨冰时，使用起来会非常方便。

盛刨冰的窍门

1 用一个大碗接住刨冰机中喷出的刨冰（下图A）。
2 将小碗放在一个盘子上，用大勺将刨冰盛到碗里（下图B）。
3 最后将小碗连同盘子一起放在刨冰机下，直接接住喷出的刨冰。这个过程中要转动盘子，调整碗中刨冰的形状。

冬天，一定要品尝成人喜爱的酒味和苦味冰点！

巧克力法式冰霜

只需将巧克力冷冻起来，就能打造出高级上乘的口感。这是一款味道浓郁香醇的法式冰霜，简直入口即化。窍门是使用高品质的考维曲巧克力。朗姆酒可以用君度酒或白兰地等代替，按照自己的喜好添加即可。

桑格利亚法式冰霜

桑格利亚是西班牙的传统鸡尾酒，它由红酒、橙汁和香料调制而成。本来这款鸡尾酒是在常温下加冰饮用的，但将其做成法式冰霜也别有一番风味。即使是剩下的红酒或便宜红酒，也能做出美味的冰霜。这是一款可以在吃饭时食用的冰甜点。

薰衣草樱桃酒法式冰霜

让人联想起夏季高原的清爽薰衣草味法式冰霜。制作时使用了泡花草茶的干薰衣草，而且加入了大量樱桃利口酒。柠檬汁能让冰霜固定成漂亮的淡紫色，一定不要忘了加哦。

焦糖香蕉思慕雪

思慕雪的魅力在于，它比冰激凌口感清爽，又比沙冰口感浓郁。将香蕉冷冻后，就能随时做出味道新鲜的思慕雪了。香甜可口的味道可谓老少皆宜。推荐大家浇上焦糖果子露食用。

巧克力法式冰霜

材料（方便制作的分量：约 4 人份）

考维曲巧克力·······························180g
牛奶···250mL
鲜奶油·······································100mL
砂糖···6 大匙
朗姆酒···1 大匙
配料
考维曲巧克力·······························适量

1 用刀将巧克力切碎。
2 将牛奶、鲜奶油和砂糖倒入小锅中，开中火加热，一直加热到即将沸腾为止。
3 关火，将 1 加入 2 中，用木铲或打蛋器搅拌成细腻柔滑的状态（如下图）。再加入朗姆酒，搅拌均匀。
4 将 3 倒到托盘中，盖上保鲜膜，放入冰箱冷冻 1~2 小时。
5 用擦丝器将作为配料的巧克力削碎。
6 用叉子将 4 刮成冰霜，只需刮出当时食用的量即可。用勺子盛到冷冻过的塑料碗中，撒上 5。

桑格利亚法式冰霜

材料（方便制作的分量：约 3 人份）

红酒···300mL
砂糖···90g
柠檬汁·····················60mL（约 1 个份）
肉桂条···1 根
（或肉桂粉·······························耳勺 2 匙）
丁香粒········5 个（或丁香粉　耳勺 2 匙）

1 用手掰碎肉桂条。将所有材料一起放入小锅中，开中火加热至轻微沸腾。
2 关火，稍微冷却一下。将 1 倒到托盘中，盖上保鲜膜，放入冰箱冷冻 1~2 小时。
3 用叉子将 2 刮成冰霜（如下图），只需刮出当时食用的量即可。用勺子盛到冷冻过的塑料杯中。

*制作这款冰点的液体酒精含量和糖分都很高，即使放入冷冻室也无法完全冻结。它的口感就像刚融化的雪般柔滑，是一款非常美味的冰点。

薰衣草樱桃酒法式冰霜

材料（方便制作的分量：约4人份）

花草茶用薰衣草·····················2大匙

水·································300mL

砂糖·································90g

柠檬汁·····························1个份

樱桃利口酒·························2大匙

珍珠糖·····························适量

1 将水加入珐琅锅中，开大火加热。沸腾后关火，加入薰衣草，盖上盖子闷8分钟。

2 用茶漏过滤1中的薰衣草（如下图）。将过滤后的液体再次倒入珐琅锅中，加入砂糖，开很小的火加热（一定不能沸腾）。用大勺充分搅拌，砂糖溶解后关火。加入柠檬汁和樱桃利口酒。

3 将2倒到托盘中，盖上保鲜膜。放入冰箱冷冻1~2小时。

4 用叉子将3刮成冰霜，只需刮出当时食用的量即可。用勺子盛到冷冻过的小碗中，按照喜好撒上珍珠糖。

焦糖香蕉思慕雪

材料（1人份）

熟透的香蕉·························1根

柠檬汁·····························1小匙

砂糖·······························1大匙

牛奶·······························50~80mL

配料

焦糖果子露（制作方法参照P56）···2小匙

1 香蕉剥皮，切成厚2cm的片状。摆放在托盘上，撒上柠檬汁和砂糖。盖上保鲜膜，放入冰箱冷冻。

＊如果有剩下的香蕉，可以2~3根一起放入冰箱冷冻（如下图）。

2 将1中的香蕉倒入搅拌机中，再倒入50mL牛奶，盖上盖子，搅拌30秒左右。如果搅拌机刀刃被卡住，可以再加入一些牛奶进行调整。

3 将2搅拌成细腻柔滑的状态后，用大勺舀出，倒入塑料杯中。浇上焦糖果子露。

豆泥的制作方法

种类繁多的自制豆泥

豆子一旦开封，品质就很容易下降，而且分批制作是件很麻烦的事。我推荐大家一次将一袋豆子都做成豆泥，然后进行冷冻保存。本书中所说的 1 袋为 300g，这个分量制作起来比较方便。

基础的红豆泥　　兵豆泥

金时豆泥

加盐煮过的红豌豆　　白芸豆泥

基础的红豆泥

材料（方便制作的分量）

红豆	300g
砂糖	300g
盐	2g

（如果只将煮好的红豆的一半制成豆泥，则要加 150g 砂糖和 1g 盐）

1　将足量的水和红豆倒入一个大锅中，开大火加热。沸腾后，将火调成能使红豆轻轻上下翻滚的小火。煮 1~1.5 小时，直到红豆变软为止。捞出几粒红豆尝一下，如果中间的芯煮透了即关火。

2　将一个碗放到铺了一层干净抹布的笊篱下。将 1 倒入笊篱中，沥干水分（图片 A）。

　　*如果觉得红豆的量有些多，可以在这一步取出一半，然后在常温中稍微冷却。将红豆放入自封袋，挤出空气，使袋中变成密封状态，放入冰箱冷冻（图片 B）。需要时可以自然解冻，然后配着刨冰食用。如果做好的红豆泥用光了，也可以将其做成红豆泥。另外，因为保存起来的红豆不含糖，还可以用于制作炖菜和汤等料理。

3　将 2 倒回锅中。粘在抹布上的红豆泥也很美味，不能浪费，要一起放回锅中（图片 C）。

4　在 3 的锅中加入砂糖，开稍弱的中火加热。用木铲从锅底大力翻动红豆，将其熬成泥状。捞起一些红豆，如果慢慢落下，就证明煮的差不多了。红豆泥冷却后会变硬，一定要多加注意（图片 D）。加入盐，搅拌均匀。

5　将 4 转移到托盘中，冷却。这样大约 1kg 的红豆泥就做好了。取出需要的分量，剩余的冷冻保存即可（使用时自然解冻）。

A

B

C

D

白芸豆泥

材料（方便制作的分量）

白芸豆·················300g

砂糖·················300g

盐·····················2g

准备工作：将白芸豆倒入一个大碗中，注入3倍的水，泡一个晚上（图片E）。

1　将白芸豆连同泡豆水一起倒入大锅中。之后的操作请参照"基础的红豆泥"步骤1~5。

金时豆泥

材料（方便制作的分量）

金时豆泥·············300g

砂糖·················300g

盐·····················2g

准备工作：将金时豆倒入一个大碗中，注入3倍的水，泡一个晚上（图片E）。

1　将金时豆连同泡豆水一起倒入大锅中。之后的操作请参照"基础的红豆泥"步骤1~5。

兵豆泥

材料（方便制作的分量）

去皮的兵豆···········100g

砂糖·················100g

盐·················1小撮

1　将兵豆和刚好没过兵豆的水倒入锅中，开大火加热。沸腾后，将火调成能使兵豆轻轻上下翻滚的小火。边用木铲大力搅拌边煮20~25分钟，直到兵豆变软为止。

2　中途如果锅中的水分变少，要及时添加。捞出几粒兵豆尝一下，如果中间的芯煮透了，就一直煮到水分变没为止，关火。

3　将砂糖加入2的锅中，开稍弱的中火加热。用木铲从锅底大力翻动兵豆，将其熬成泥状（图片F）。捞起一些兵豆，如果慢慢落下，就证明煮得差不多了。兵豆泥冷却后会变硬，一定要多加注意。加入盐，搅拌均匀。

4　转移到托盘中，冷却。

★兵豆剥去皮后，会自然分成两半，所以去皮兵豆可以不用提前浸泡，直接下锅煮即可。制作兵豆泥时不用一次做很多，而要随用随煮。

加盐煮过的红豌豆

材料（方便制作的分量）

红豌豆···············300g

盐·················3~5g

准备工作：将红豌豆倒入一个大碗中，注入5倍的水，泡一个晚上。

1　沥干豆子的水分。将豆子加入一个大锅中，再加入5倍的水。开火加热，使其沸腾10分钟左右，将水倒出。

2　在1的锅中加入5倍的新水，将火调成能使红豌豆轻轻上下翻滚的小火。煮1.5~2小时，直到红豌豆变软为止。

3　捞出2中几粒红豌豆尝一下，如果中间的芯煮透了，且豆子变成用手指按一下就很容易捏碎的状态，关火（图片G）。

4　将3中的豆子倒到笊篱中。趁热边尝味道边撒盐。然后在常温下放置一会儿，待其冷却。

5　从4中取出需要的分量，剩余的装进一个自封袋中，挤出空气形成密闭状态，放入冰箱冷冻保存即可（使用时自然解冻）。

E

F

G

基础糯米团和
变形糯米团的制作方法

制作糯米团的基本方法是，在面粉中混入比其少一成的水，然后耐心揉面。只要记住 10:9 的比例，就能随时做出自己需要的分量。掌握了基础糯米团的制作方法后，可以尝试挑战变形糯米团。

椰丝糯米团

香橙糯米团　　　基础糯米团

基础糯米团

材料（约 10 个份）

糯米粉·································· 100g
水·································· 略少于 100mL

1　在锅中加入 5cm 高的水，开火加热。将火调到水可以咕噜咕噜静静沸腾的大小。在碗中准备好冰水。

2　将糯米粉倒入另一个碗中（图片 A：左边的碗），加水。用手耐心揉面，直到面达到跟耳垂一样柔软为止（图片 A：右边的碗）。

3　将 2 分成 10 等份，每份都用手揉成球形（图片 B：左）。为了使糯米团更易煮熟，用手指在中央按一下（图片 B：右）。

4　将 3 中的糯米团按照做好的顺序加入 1 的锅中。当最初放入的糯米团浮起后，再煮 2 分钟左右（图片 C）。

5　用笊篱捞起 4，放入 1 的碗中，充分冷却（图片 D）。沥干水分，倒在刨冰上。

香橙糯米团

将基础糯米团中的水换成"不到 100mL 的 100% 橙汁"，按照相同方法制作糯米团（图片 E）。

椰丝糯米团

在煮好的基础糯米团上撒上椰丝（图片 F）。

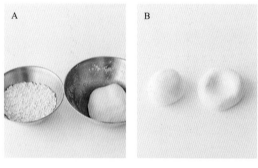

糖浆和
果子露的制作方法

白糖浆、黑糖浆和果子露市面上都有卖现成的，不过它们在家里也能轻松做出。亲手制作的吃起来会更美味，请一定要尝试一下。

白糖浆

黑糖浆　　　　　　果干果子露

黑糖浆

材料（方便制作的分量）

黑砂糖………… 200g
水…………… 120mL

1　将材料倒入小锅中，开小火加热。用大勺等工具边搅拌边使材料充分溶解（没必要使锅中液体沸腾）。

2　稍微冷却一会儿，用漏斗将其转移到干净的瓶子中。放入冰箱冷藏，大约可以保存2周。

白糖浆

材料（方便制作的分量）

白砂糖………… 200g
水…………… 120mL

1　将白砂糖和水倒入搅拌机中，搅拌1分钟左右。将变白浊的液体放置2小时左右，就会变透明。

2　用漏斗将1转移到干净的瓶子中，放入冰箱冷藏，大约可以保存2周左右。

果干果子露

材料（约300mL份）

各种果干…………………………… 180g
水……………………………… 500mL
蜂蜜………………………………… 60g
砂糖………………………………… 50g

1　将热水浇到果干上，稍微焯一下后将水倒出。

2　将1和其余材料倒入珐琅锅中，开大火加热。

3　沸腾后，调成小火，边用木铲大力搅拌边煮15分钟左右，一直煮到变黏稠为止。

果子露的浓度可以按照自己的喜好调节，不过等液体冷却后还会变得更黏稠，所以在稍微觉得有点稀的状态下就要关火。

4　用勺子舀起3，倒入干净的瓶子中。稍微冷却一会儿，放入冰箱冷藏。保存时间大约为2周。

图片中的果干有杏干、无花果干、葡萄干和树莓干。也可以直接换成180g的杏干。

第 3 章
全年都觉得很美味的刨冰

草莓刨冰

红红的草莓刨冰，可以说是盛夏的经典冰点。为了充分突出草莓的甜味和口感，一定要尝试亲手制作果子露，这样就能享受到草莓的天然风味。制作这款刨冰的材料非常简单，只有草莓、砂糖和香草豆。草莓果子露要稍微比果酱稀一些。如果能再浇上一些炼乳，简直会美味得让人手舞足蹈呢。

春季的刨冰，一定要配上美味的草莓和抹茶！

宇治金时

用茶的产地"宇治"来称呼抹茶刨冰，再加上红豆的别名"金时"，就得出了"宇治金时"这个习惯性叫法。抹茶很容易变味，所以一定要现做。食用时可以配上白糖浆。只需简单几步，一个漂亮的绿色刨冰就完成了。

夏季的刨冰，要用清凉水果来增添凉意！

白熊

"白熊"是我小时候经常吃到的装在纸杯中的白色刨冰。我长大后才知道，原来这款刨冰的发源地是鹿儿岛县。当地名物"白熊"的材料为红豆、炼乳、蜜柑和菠萝，巧妙地放置这些食材，就能拼出白熊的脸。小孩子一定非常喜欢这款刨冰。

蓝莓刨冰

在刨冰上浇上浓淡相间的紫色果子露。蓝莓连核一起煮烂，放入口中，就能享受到粒粒分明的绝妙口感。蓝莓的出产时间为 6~7 月，当时多做一些，整个夏天就都能品尝到美味的蓝莓刨冰了。如果想简化步骤，可以直接使用冷冻蓝莓。

草莓刨冰

材料（约 380mL 份）

草莓香草果子露

- 草莓（新鲜或冷冻的）… 1 袋（约 300g）
- 砂糖 ······························· 250g
- 香草豆 ······························· 3cm

1 用水稍微冲洗一下草莓，去蒂并沥干水分。将大颗的草莓切成 2~4 块。

2 将 1 和砂糖倒入碗中，腌 3~12 小时，直到腌出大量水分为止。

3 用刀将香草荚纵向切开，取出香草豆。将香草豆连同豆荚一起加入珐琅锅中，加入 2，开大火加热。边用木铲搅拌边煮，当锅中液体沸腾后，用勺子仔细撇去浮沫。

4 调成中火，为了防止果子露糊掉，边用木铲从锅底大力搅拌边煮 5~8 分钟，直到煮成黏稠状态为止。

　＊果子露冷却后还会变得更黏稠，所以在稍微觉得有点稀的状态下就要关火。

5 用勺子舀起 4 中的热果子露，倒入准备好的干净瓶子中（如下图）。稍微冷却一会儿，放入冰箱冷藏。保存时间为 2 周左右。也可以倒入密封容器，放入冰箱冷冻。

6 将刨冰盛到玻璃碗中，浇上 2 大匙 5。

　＊如果使用冷冻草莓，要将其在未解冻的状态下与砂糖混合，在室温下放置 1 小时左右，待其自然解冻后，放入锅中。

宇治金时

材料（2 人份）

抹茶果子露

- 白糖浆（制作方法参照 P67）··········· 80mL
- 抹茶 ······························· 1 小匙
- 豆泥（制作方法参照 P64~65）·········2 大匙
- 糯米团（制作方法参照 P66）·············2 个

1 做出直径 1cm 左右的小糯米团。制作时还可以混入一些抹茶粉，将其打造成美味的抹茶糯米团。

2 制作抹茶果子露。用茶漏将抹茶筛入一个小杯中。

3 将白糖浆分批少量地注入到 2 中，用勺子充分搅拌（如果有小号打蛋器，最好用它搅拌）。做出美味抹茶果子露的窍门是将其搅拌成没有干粉的细腻液体。

4 将红豆盛入小勺中，放上糯米团。

5 在玻璃杯中盛上 3cm 左右的刨冰，从上面浇上 1 大匙的 3。接着在上面继续盛刨冰。将剩余的果子露浇到刨冰上。将 4 放在旁边，按照自己的喜好添加后食用。

　＊抹茶很容易氧化，使用完要马上密封起来，放入冰箱冷藏，而且要尽快用完。可以用市面上买到的绿茶粉代替抹茶。

　＊如果有食物料理机，就可以将绿茶、焙茶和中国茶等自己喜欢的茶叶磨成粉末，然后和白糖浆一起制作成果子露。

白熊

材料（1 人份）

白熊的脸

┌ 夏季蜜柑 ························2 瓣
├ 加盐煮的红豌豆（制作方法参照 P65）···2 颗
└ 菠萝 ························ 3cm 左右的扇形

配料

┌ 红豆泥（制作方法参照 P64）······3 大匙
├ 寒天（制作方法参照 P79）······3 大满匙
├ 加盐煮过的红豌豆（制作方法参照 P65）
│ ································1 大满匙
└ 炼乳 ························1 大匙

1 蜜柑剥去薄皮，取出果肉。
2 将刨冰盛到玻璃碗中，盛到 8 分满的位置，倒上红豆泥。将寒天摆在中央，再放上煮好的红豌豆（如下图）。继续将刨冰盛入碗中。用手轻轻按压刨冰，捏成像白熊脑袋的球形。
3 在 2 上浇上炼乳。
4 将两片蜜柑分别放在左右两边，来当白熊的耳朵。左右各埋一颗红豌豆当白熊的眼睛。将菠萝埋在正中央，来当白熊的鼻子。

*上面操作时使用的材料都是自制的。不过，其实市面上买到的蜜豆罐头中本身就有蜜柑、菠萝、寒天和红豆，只需与现成的红豆泥组合使用，就能轻松制作出这款白熊刨冰了。

蓝莓刨冰

材料（约 250mL 份）

蓝莓果子露

┌ 蓝莓（新鲜或冷冻的）·············· 200g
├ 砂糖 ···························· 150g
├ 柠檬汁 ·························1 个份
└ 水 ····························· 40mL

迷迭香（如果有的话）·············1 小撮

1 用手轻轻冲洗蓝莓，洗净污垢。将蓝莓有伤的部分去掉。如果是冷冻蓝莓，则无需解冻，直接使用即可。
2 将 1、砂糖、柠檬汁和水倒入珐琅锅中，用木铲轻轻搅拌成黏稠的状态。
3 开大火加热 2，边用木铲轻轻搅拌边煮，沸腾后用勺子仔细撇去浮沫。
4 调成中火，为了防止果子露糊掉，边用木铲从锅底大力搅拌边煮 7~10 分钟，直到煮成黏稠状态为止。

*果子露的浓度可以按照自己的喜好调节，不过等液体冷却后还会变得更黏稠（如下图），所以在稍微觉得有点稀的状态下就要关火。

5 用勺子舀起果子露，倒入准备好的干净瓶子中，放入冰箱冷藏。保存时间为 2 周左右。也可以倒入密封容器，放入冰箱冷冻。
6 将刨冰盛到玻璃碗中，浇上 3 大匙 5。如果有迷迭香，可以撒在上面。

秋季的刨冰，要搭配富有变化的浓郁果子露！

淡红色姜汁果子露刨冰

姜汁是日本自古就有的调味汁。在姜汁中挤入大量柠檬汁，打造出淡红色的果子露。姜也切成薄片，放在刨冰上直接食用。将姜汁浓缩成黏稠的果子露状态，就可以保存很长时间。制作时只需煮一下，操作非常简单。

豆乳雪花冰配果干果子露

雪花冰是源自台湾的冰点，本来应该是用牛奶制作，我按照自己的喜好换成了豆乳。微卷的冰片像花瓣一样美丽。快配上果干果子露一起食用吧。

绿紫苏果子露刨冰

紫苏是香味浓厚的日本香草，制作成果子露，跟刨冰简直是绝配。制作方法非常简单，只需与白糖浆和柠檬汁一起放入搅拌机搅拌即可。

冬季的刨冰，搭配火锅吃最棒了！

蜂蜜柠檬雪兔

带有清爽酸味的柠檬，配上口感柔和的蜂蜜，打造出美味的果子露。它那清新的味道能够将你的疲劳一扫而光。用刨冰捏成的纯白小兔子真是太可爱了。制作的窍门是将果子露倒在刨冰里，这样就不会破坏雪兔的外形。

杏肉蜜豆寒天刨冰

在刨冰上添加酸甜可口的杏肉、寒天和加盐煮过的红豌豆,最后加入黑糖浆调味。还可以按照喜好加入糯米团。这是一款非常棒的豪华冰甜点。如果想简化步骤,可以直接使用市面上买到的蜜豆罐头。但使用自己制作的煮杏肉和糯米团,更会带来上乘口感。

淡红色姜汁果子露刨冰

材料（约350mL份）

淡红色姜汁果子露

- 姜 ································· 70g
- 水 ······························ 400mL
- 砂糖 ······························ 300g
- 柠檬汁 ····························· 1个份

1　姜洗净去皮，用擦丝器削成薄片。

2　将姜、水和砂糖倒入小锅中，开中火煮20分钟左右。当姜被完全煮透且水只剩下一多半时，就算煮好了。关火，加入柠檬汁（如下图）。利用柠檬中的酸制作出淡红色的果子露。

3　将2注入到清洁干燥的保存容器中，放入冰箱冷藏。保存时间为2周左右。也可以倒入密封容器，放入冰箱冷冻。

4　将刨冰盛到玻璃碗中，浇上2~3大匙3。

绿紫苏果子露刨冰

材料（约150mL份）

绿紫苏果子露

- 白糖浆（制作方法参照P67）··· 140mL
- 绿紫苏叶 ························ 10片
- 柠檬汁 ·························· 2小匙

装饰用的绿紫苏叶·····················1片

1　轻轻冲洗绿紫苏叶。将绿紫苏叶与白糖浆、柠檬汁一起放入搅拌机，搅拌30秒左右，直到紫苏叶完全粉碎为止（图片A）。

2　将1注到到清洁干燥的保存容器中，放入冰箱冷藏。保存时间为1周左右。

3　将刨冰盛到玻璃碗中，放上装饰用的绿紫苏叶，浇上2~3大匙3。

豆乳雪花冰配果干果子露

材料（1人份）

成分无调整豆乳····················· 300mL

果干果子露（制作方法参照P67）

····························· 2~3大匙

1　将豆乳倒入制冰盒中，放入冰箱冷冻（图片B）。

2　将1从制冰盒中取出，倒入刨冰机里。将做好刨冰盛到玻璃碗中，浇上2~3大匙果干果子露。

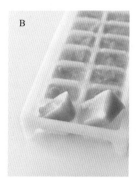

蜂蜜柠檬雪兔

材料（约300mL份）

蜂蜜柠檬果子露

┌ 柠檬 ········ 3~4个（果汁净量150mL）
├ 水 ································· 50mL
├ 砂糖 ······························ 80g
└ 蜂蜜 ······························ 80g

炼乳 ································· 适量

红醋栗 ································· 3个

竹叶 ································· 2片

1 柠檬对半切开，放入榨汁机中榨出果汁。

2 将1、水和砂糖倒入锅中，开中火加热，煮1分钟左右使其沸腾。

3 关火，加入蜂蜜，用勺子充分搅拌，使蜂蜜溶解。用漏斗等工具将搅拌均匀的液体倒入干净的瓶子中，稍微冷却一会儿后放入冰箱冷藏。保存时间为2周左右。也可以冷冻保存。

4 在椭圆形的玻璃碗中放入3cm左右的刨冰，在中心部分浇上3大匙3和炼乳。再放入一些刨冰，捏成椭圆形来当雪兔的身体。将红醋栗埋入刨冰中来当雪兔的眼睛，插上竹叶来当雪兔的耳朵。

如果没有椭圆形容器：将2~3片铝箔叠放在一起，捏成椭圆形的模具。将刨冰放入铝箔做成的模具中，浇上果子露，最后再将里面的刨冰翻过来放到手边的容器中即可。

雪兔的眼睛可以用枸杞或南天竹的果实（不可食用）代替。耳朵可以用柠檬皮、萝卜、胡萝卜、黄瓜的细条代替。

杏肉蜜豆寒天刨冰

材料（1人份）

寒天（方便制作的分量：边长15cm的正方形模具1个份）

┌ 寒天条 ······························ 1根
└ 水 ································· 400mL

果干果子露中的杏肉（制作方法参照P67）
································· 4个

加盐煮过的红豌豆（制作方法参照P65）
································· 4大匙

黑糖浆（制作方法参照P67）········ 3大匙

1 制作寒天。将寒天条泡入水中，用手搓洗，取出细小的不纯物。

2 将1掰成小块，与400mL的水一起倒入锅中，开中火加热。边用木铲搅拌边煮，煮3分钟左右，直到寒天完全溶解为止。

3 将2倒入用水润湿的容器中（如下图），稍微冷却后，放入冰箱冷藏，使其凝固。

4 将3切成边长1.5cm的方块。

如果使用寒天粉，要将400mL的水和1袋寒天粉（4g）倒入锅中，开中火加热，边用木铲搅拌边煮，使其沸腾2分钟，然后倒入模具中。稍微冷却后，放入冰箱中冷藏，使其凝固。将做好的寒天切成边长1.5cm的方块。

5 在碗中放入3cm左右的刨冰，放上一层4，撒上红豌豆，再放入一些刨冰，撒上沥干汁水的杏肉。准备好黑糖浆，按照自己的喜好加入后食用。

加上小小的圆糯米团（制作方法参照P66），也会很美味。

TITLE：［一年中おいしいアイスデザート］
BY：［福田 里香］
Copyright © 2014 RICCA FUKUDA
Original Japanese language edition published by SHUFU TO SEIKATSUSHA CO., LTD.
All rights reserved. No part of this book may be reproduced in any form without the written
permission of the publisher.
Chinese translation rights arranged with SHUFU TO SEIKATSUSHA CO., LTD., Tokyo through
Nippon Shuppan Hanbai Inc.

本书由日本株式会社主妇与生活社授权北京书中缘图书有限公司出品并由红星电子音
像出版社在中国范围内独家出版本书中文简体字版本。

图书在版编目（CIP）数据

四季雪糕 /（日）福田里香著；王宇佳译 . -- 南昌：红星电子音像
出版社，2016.6
　　ISBN 978-7-83010-121-3

　　Ⅰ . ①四… Ⅱ . ①福… ②王… Ⅲ . ①冰激凌 – 制作 Ⅳ .
① TS277

　　中国版本图书馆 CIP 数据核字 (2016) 第 134474 号

责任编辑：黄成波
美术编辑：杨　蕾

四季雪糕

　　（日）福田里香　著　　　王宇佳　译

策划制作：北京书锦缘咨询有限公司（www.booklink.com.cn）
总 策 划：陈 庆
策　 划：陈 辉
设计制作：王 青

出版
发行　红星电子音像出版社

地址　南昌市红谷滩新区红角洲岭口路 129 号
　　　邮编：330038　 电话：0791-86365613　 86365618
印刷　江西千叶彩印有限公司
经销　各地新华书店
开本　185mm×260mm　1/16
字数　27 千字
印张　5
版次　2016 年 8 月第 1 版　2016 年 8 月第 1 次印刷
书号　ISBN 978-7-83010-121-3
定价　32.00 元

赣版权登字 08-2016-01
版权所有，侵权必究
本书凡属印装质量问题，可向承印厂调换。